Cook50187

好吃無極限的無限料理

全部都想做，全部都想吃的 101 道配菜、下酒菜

作者	大友育美
翻譯	徐曉珮
美術完稿	張榮洲
編輯	彭文怡
校對	連玉瑩
行銷	邱郁凱
企畫統籌	李橘
總編輯	莫少閒
出版者	朱雀文化事業有限公司
地址	台北市基隆路二段13-1號3樓
電話	02-2345-3868
傳真	02-2345-3828
劃撥帳號	19234566 朱雀文化事業有限公司
e-mail	redbook@hibox.biz
網址	http://redbook.com.tw
總經銷	大和書報圖書股份有限公司（02）8990-2588
ISBN	978-986-97227-9-7
初版一刷	2019.6
定價	360元
出版登記	北市業字第1403號

國家圖書館出版品預行編目

好吃無極限的無限料理：
全部都想做，全部都想吃的 101 道配菜、下酒菜
／大友育美著 -- 初版. -- 臺北市：朱雀文化，2019.06
面；公分 --（Cook50；187）
ISBN 978-986-97227-9-7（平裝）

1. 食譜

427.2   108005387

About 買書：

●實體書店：北中南各書店及誠品、金石堂、何嘉仁等連鎖書店均有販售。建議直接以書名或作者名，
請書店店員幫忙尋找書籍及訂購。

●●網路購書：至朱雀文化網站購書可享 85 折起優惠，博客來、讀冊、PCHOME、MOMO、誠品、金
石堂等網路平台亦均有販售。

●●●郵局劃撥：請至郵局窗口辦理（戶名：朱雀文化事業有限公司，帳號 19234566），掛號寄書
不加郵資，4 本以下無折扣，5 ～ 9 本 95 折，10 本以上 9 折優惠。

全部都想做，全部都想吃的**101**道配菜、下酒菜

好吃無極限的
無限料理

大友育美　著

徐曉珮　翻譯

朱雀文化

mugen
recipe

前言

一吃便停不下來的**無限料理**

取名「無限料理」，是希望每個人從第一口開始，就能停不了口。
書中的所有料理，是為了讓大家能充分享受蔬菜的美味，
「以蔬菜做為主角」所設計的配菜。

這些料理不管是搭配白飯、做成飯糰、放進便當都可以，
還能成為啤酒或日本酒的便利下酒菜。
當然，餐桌上想再多一道菜時也很推薦。

使用超市隨時可以買到的蔬菜與食材，加上做法簡單，
回家輕鬆便能完成料理，所以很適合忙碌的現代人。

此外，由於和平常的調味稍微不同，更大大提升了料理的美味度，
自然能大口享用蔬菜，便能輕鬆解決蔬菜攝取不足的問題。
討厭蔬菜的小孩，說不定也會願意大口大口吃下去。

所以大家如果看到喜歡的食譜，絕對要試看看，
相信一定會因此更喜歡吃蔬菜。

目錄 CONTENTS

■ ■ ■ ■ ■ ■

味道很怪的青椒也能展現驚人的美味

無限青椒

材料 方便烹調的量	做法
青椒 5 顆 鮪魚罐頭 1 小罐（70 克） A 芝麻油 1 大匙 雞高湯粉 1 小匙 鹽、胡椒各少許	1 青椒對半縱切，然後橫切成 0.5 公分寬的細絲，放入耐熱容器中，加入瀝乾的鮪魚肉，然後淋上 A，包上保鮮膜。 2 將做法 1 以微波爐加熱 2 分鐘，取出，攪拌均勻即可。

— points ▶
❶ 用鮪魚罐頭的油來取代芝麻油，操作上更方便。
❷ 如果多加熱 1 分鐘，青椒會變得更乾燥，這種口感也不錯，不妨試試看。

簡單　兒童口味　耐放

8

食譜名

搭配食材索引使用很方便

使用 p.124「索引」，就能好好運用冰箱中剩餘的材料等，以想要使用的食材反查食譜。

POINTS

烹調的祕訣、重點，或是食譜相關的小常識。

無限料理製作前的說明

◎ 微波爐火力使用 600W。

◎「耐放」指的是可以放約 3 ～ 4 天。但做好之後，還是盡快食用完畢為佳。

◎ 清洗、削皮、去蒂頭等食材預先處理在食譜中省略。

◎ 沒有特別說明的話，瓦斯爐使用中火。

◎ 油炸溫度是 170℃，可以用乾燥的木筷接觸鍋中的油，會慢慢起泡，就代表溫度已達到了。

◎ 高湯是以 100 毫升的水加上 1 小撮高湯粉製作而成。

◎ 書中有標示「編注」處，是中文版書籍中編輯加上的說明，方便讀者更易準備食材。此外，書中和風黃芥末醬、生蒜泥醬、西洋山葵膏等調味料，除了自己製作，也可使用 S&B 的市售產品，省時又方便。可以在家樂福、大潤發和全聯等處購買。

食譜的標示說明如下，可做為烹調時的參考。

簡單　很容易製作

兒童口味　小孩也會很喜歡

耐放　可以做了隔餐或隔天吃

熱食　如果冷掉，可以用微波爐加熱再吃。

常見料理人人愛

PART 1
超人氣的大口吃配菜

mugen
recipe

冰箱裡剩的青椒，也可以煮成豐盛的配菜。
只要記住這個重點，每天吃起飯來都能更開心。
這就是我想介紹的常見配菜。實在是太好吃了，
一口接一口停不下來，不過別吃太多喔！

 味道很怪的青椒也能展現驚人的美味
無限青椒

材料 | 方便烹調的量

青椒 5 顆
鮪魚罐頭 1 小罐（70 克）

A
芝麻油 1 大匙
雞高湯粉 1 小匙
鹽、胡椒各少許

做法

1 青椒對半縱切，然後橫切成 0.5 公分寬的細絲，放入耐熱容器中，加入瀝乾的鮪魚肉，然後淋上 **A**，包上保鮮膜。

2 將做法 1 以微波爐加熱 2 分鐘，取出，攪拌均勻即可享用。

── points ──▶
❶用鮪魚罐頭的油來取代芝麻油，操作上更方便。
❷如果多加熱 1 分鐘，青椒會變得更乾癟，這種口感也不錯，不妨試試看。

簡單　兒童口味　耐放

香氣四溢，讓這道必吃料理更添風味

海苔馬鈴薯沙拉

材料 | 方便烹調的量

馬鈴薯 2 顆（300 克）

A
┃ 海苔粉 2 小匙
┃ 日式美乃滋 3 大匙
┃ 牛奶 1 大匙
┃ 鹽 1 小撮
┃ 胡椒少許

做法

1 馬鈴薯削皮後切成四等分，放入耐熱容器中。蓋上用水沾濕後輕輕擰乾的廚房紙巾，再包上保鮮膜。

2 將做法 **1** 以微波爐加熱 5 分鐘，取出，用叉子等餐具弄碎。

3 將做法 **2** 倒入攪拌盆中，加入 **A** 混合均勻即可享用。

—— points ——▶
蓋上沾濕的廚房紙巾，就能呈現蒸煮
馬鈴薯的口感。

兒童口味 耐放

豐盛不輸鮪魚的胡蘿蔔

沖繩風胡蘿蔔絲

材料 方便烹調的量

胡蘿蔔 1 條（200 克）
雞蛋 1 顆
鹽 1 小撮
鮪魚罐頭 1 小罐（70 克）
醬油 1 小匙
橄欖油 2 小匙

做法

1 用削皮刀將胡蘿蔔削成薄片的條狀緞帶。雞蛋
　 和鹽放入攪拌盆中，打散混合均勻。

2 平底鍋中倒入橄欖油加熱，整罐鮪魚連汁一起
　 倒入快炒，加入胡蘿蔔之後再炒 2 分鐘，繞著
　 平底鍋周圍均勻淋入醬油。

3 將蛋液加入做法 2 中，快炒混合均勻即可享用。

—— points ——▶
使用削皮刀削胡蘿蔔，操作上更容易。

兒童口味　耐放

 具有深度的甘甜美味，好吃得停不下筷子

蜂蜜地瓜絲

材料 方便烹調的量

地瓜 1 小條（200 克）
水 2 大匙

A｜蜂蜜 1 大匙
　｜醬油 1/2 大匙

沙拉油 2 小匙

做法

1　地瓜連皮斜切成薄片，再切成 0.5 公分寬的細條，用水沖洗。

2　平底鍋中倒入沙拉油加熱，加入做法 1 快炒，倒入水，蓋上鍋蓋，加熱 4 分鐘。最後加入 A 翻炒均勻即可享用。

—— points ——▶

熄火後淋上 1 小匙芝麻油（不含在材料中），
增添香味更好吃。

兒童口味　耐放

豬肉的油脂搭配醋，真是絕妙組合！

五花肉炒小松菜

材料 方便烹調的量

小松菜 1 把（200 克）
豬五花肉 100 克
鹽 1 小撮

A ｜ 醬油 2 小匙
｜ 砂糖、醋各 1 小匙

做法

1 小松菜莖葉分開，切成 4 公分的長段。根部稍微切開。豬肉切成容易入口的大小，撒上鹽。A 混合均勻備用。

2 平底鍋加熱，放入豬肉炒至焦黃，加入小松菜的莖快炒，再加入葉炒至全熟。最後淋上 A，材料入味後熄火即可享用。

—— points ——▶
五花肉會產生很多油脂，可用廚房紙巾等吸除油分，烹調後口感才會清爽。

兒童口味　耐放

 奶油和蘆筍是最佳拍檔！

奶油炒蘆筍

材料 | 方便烹調的量

蘆筍 6 支
水 1 大匙

A | 含鹽奶油 5 克
　 | 鹽 1/4 小匙
　 | 醬油少許

沙拉油 2 小匙

──── points ────▶
蘆筍削皮後，原本比較硬的根
部會變得更容易入口。

做法

1 蘆筍根部太硬的部分切除，從根部往上削掉約 1/3 的外皮，
　 然後斜切成 4 公分的長段。

2 平底鍋中倒入沙拉油加熱，放入做法 1 快炒，倒入水，蓋
　 上鍋蓋，加熱 2 分鐘。

3 打開鍋蓋，加入 A，快速攪拌至入味即可享用。

兒童口味　耐放

一口咬下鮮嫩的茄子，柴魚醬油的香氣四溢……

油燜茄子

材料 方便烹調的量

茄子 3 條（300 克）

A
- 薑泥 1 小匙
- 醬油 1½ 大匙
- 砂糖 1 大匙
- 高湯粉 1 小撮
- 水 100 毫升（1/2 杯）

芝麻油 2 大匙

—— points ——▶
用餘熱把茄子燜至入味。

做法

1 茄子去掉蒂頭，用削皮刀間隔去皮（皮削成長條紋狀），再切成 1 公分厚的圓片。

2 平底鍋中倒入芝麻油加熱，放入做法 1 炒 1 分鐘，倒入混合均勻的 A，蓋上鍋蓋，煮 4 分鐘後熄火，放著燜 3 分鐘即可起鍋。

兒童口味　耐放

 最後撒上的柴魚片是美味的祕訣
柴魚片奶油菠菜

材料 | 方便烹調的量

菠菜 1 把（200 克）
醬油 1½ 小匙
柴魚片 2 包（5 克）
含鹽奶油 10 克

做法

1 菠菜莖葉分開，切成 4 公分的長段。根部稍微切開。

2 平底鍋加熱，放入奶油，等奶油開始融化時，先加入菠菜莖稍微拌炒，再加入菠菜葉炒至全熟，繞著平底鍋周圍均勻淋入醬油，最後加入柴魚片，稍微拌炒混合即可享用。

—— points ——▶

加入柴魚片，可以調和菠菜的草味。

兒童口味　耐放

蓮藕口感與高雅醬汁的二重奏

黑醋醬蓮藕

材料 方便烹調的量

蓮藕 1 節

A
| 黑醋、醬油各 2 大匙
| 砂糖 2½ 大匙
| 雞高湯粉 1 小撮
| 水 3 大匙
| 太白粉 1 小匙

沙拉油 2 小匙

---- points ----▶

蓮藕炒至焦黃,口感變得香脆
豐富,香氣四溢。

做法

1 蓮藕帶皮,切成小的滾刀塊。

2 平底鍋中倒入沙拉油加熱,放入做法 1 快炒,蓋上鍋蓋。不時動動鍋子,燜煮 4 分鐘。

3 加入攪拌均勻的 A,翻炒至濃稠狀態即可享用。

耐放

味噌和美乃滋濃厚的味道讓胃口大開！

味噌醋醬拌四季豆與炸魚餅

材料 方便烹調的量

四季豆 150 克
炸魚餅 2 塊（100 克）

A | 味噌、日式美乃滋各 2 大匙
| 砂糖、醋各 2 小匙
| 和風黃芥末醬 1 小匙

做法

1 四季豆切成 6 公分的長段，放入滾水中汆燙，取出用保鮮膜包起，以微波爐加熱 2 分 30 秒。

2 將 A 放入攪拌盆中，放入片成 1 公分寬的炸魚餅，加上做法 **1** 攪拌均勻即可享用。

—— points ——▶
如果省略黃芥末醬的話，小孩也可以吃得很開心。

耐放

加入了蔥調味，增添料理的絕妙風味

蔥醬花椰菜

材料 | 方便烹調的量

綠花椰 1/2 顆（160 克）

A
日本大蔥（切成蔥花）10 公分長
鹽 1 小匙
沙拉油 2 大匙
胡椒少許

做法

1 將 A 放入耐熱容器中混合均勻，蓋上保鮮膜，以微波爐加熱 40 秒。

2 綠花椰切成小朵，莖的部分去掉厚皮，切成圓片，蓋上用水沾濕後輕輕擰乾的廚房紙巾，再蓋上保鮮膜，以微波爐加熱 2 分鐘。

3 將 A 倒入攪拌盆中，放入做法 2 混拌均勻即可享用。

— points ▶

使用微波爐加熱，可以去除蔥的嗆味，小孩也可以大口吃。

兒童口味　耐放

去除怪味後美味無比
鹽昆布拌苦瓜

材料 方便烹調的量

苦瓜 1 條（250 克）
鹽 1/2 小匙

A｜鹽昆布 2 小撮
　｜芝麻油 2 小匙

做法

1 苦瓜縱切成半，挖掉籽、去除纖維，切成薄片。放入密封袋，撒入鹽，揉到苦瓜出水、變軟。

2 將做法 1 用水漂過瀝乾，把 A 加入苦瓜中，混拌均勻即可享用。

── points ──▶

製作時可以一邊試試味道，如果能接受苦味，最後省略用水漂過的步驟也沒關係。

簡單 　耐放

萵苣會讓你想再多吃一碗

雞蛋塔塔醬沙拉

材料 方便烹調的量

萵苣 1 顆（300 克）
甜醋醃漬辣韭 10 顆
水煮蛋 2 顆

A
- 日式美乃滋 3 大匙
- 甜醋醃漬汁 1 小匙
- 鹽、胡椒、乾燥洋香菜
  （巴西里）各少許

做法

1 萵苣撕成容易入口的大小，裝入盤中。辣韭切丁。

2 將辣韭和 A 加入攪拌盆中混合均勻，放入水煮蛋，用叉子等工具壓碎，整個稍微混合，放在萵苣上即可享用。

——— points ———▶

烹調水煮蛋，可以將冷藏的雞蛋小心地放入
沸騰熱水煮 8 分鐘，取出沖冷水之後剝殼。

兒童口味

酥酥脆脆，一口接一口停不下來

香脆牛蒡

| 材料 | 方便烹調的量

牛蒡 1 根（150 克）
日本麵味露（麵之友醬油露）1 小匙
太白粉 3 大匙
鹽少許
沙拉油適量

| 做法

1　牛蒡用削皮刀削成條狀緞帶，淋上麵味露，撒上太白粉。

2　平底鍋中倒入約 2 公分深的沙拉油，加熱至 170℃。先取一半量的做法 1，一條條展開，放入油鍋油炸 3 分鐘，過程中記得要翻面，炸到酥脆後起鍋，把油瀝乾，撒上鹽。

3　剩下的一半量做法 1 也用同樣的方式油炸完成。

—— points ——▶

❶牛蒡小心不要炸太久。另外，牛蒡炸好後要把油瀝乾，口感才會很酥脆。

❷編注：麵味露（麵之友醬油露、麵之友風味醬油等）是日本常見的調味料，它是以柴魚昆布高湯、醬油、味醂（或日本酒）、砂糖等調製而成。可搭配烏龍麵、蕎麥麵、細麵等食用，或者當作燉煮料理、天婦羅的醬汁。

兒童口味 　耐放

直接加在主食上

PART 2
好豐盛的蓋飯麵配菜

mugen
recipe

簡單的食材也可以華麗變身成美味料理。
烹調方法很簡單，只要加在飯或麵上，
一起搭配享用即可，
一個步驟就可以變出豐盛的主餐。

 簡單卻最能帶來滿足感

散炒金針菇

材料 方便烹調的量

金針菇 1 包（180 克）
奶油 5 克
胡椒少許
義大利麵 80 克

A
中濃沾醬、蕃茄醬各 2 大匙
醬油 1 小匙
砂糖、調味湯素（顆粒）各 1 小撮

—— points ——▶

這道料理，混用多少種菇類都可以。

兒童口味　耐放

做法

1　金針菇去除根部，切成一半長度，剝散。

2　將 A 加入耐熱容器中攪拌均勻，加入做法 1 混拌，蓋上保鮮膜，以微波爐加熱 3 分鐘。取出容器，加入放軟的奶油，撒上胡椒，混合均勻。

3　依照包裝說明將義大利麵（80 克）煮熟，撒入少許鹽、胡椒（不含在材料中），搭配適量的做法 2，拌一拌即可享用。

 山芹菜的香氣刺激食慾

山芹菜鮭魚

材料 方便烹調的量

山芹菜 1 把（100 克）
碎鮭魚 3 大匙
白飯 1 碗

A｜柚子青辣椒醬、醬油各 1/2 小匙
　　沙拉油 2 小匙

做法

1 山芹菜切成容易入口的長度。

2 將 A 加入攪拌盆中攪拌均勻，加入做法 1 和碎鮭魚混拌。

3 盛裝好白飯，放上適量的做法 2 即可享用。

——points——▶

也可使用芝麻葉等清香的沙拉用蔬菜
代替山芹菜。

簡單

材料便宜且料理健康又飽足

麻婆鴻喜菇

材料 | 方便烹調的量

鴻喜菇 1 大包（200 克）
太白粉 1 小匙
豬絞肉 100 克
油麵 1 包

A
味噌 1 大匙
醬油 1 小匙
砂糖 1/2 小匙
豆瓣醬少許
蒜末、薑末各 1 小匙

兒童口味　耐放

做法

1 將 A 和豬絞肉放入密封袋中揉捏混合。

2 鴻喜菇去除根部，放入耐熱容器中，撒上太白粉，均勻放上做法 1，然後蓋上保鮮膜，不用包太緊，以微波爐加熱 4 分 30 秒。

3 依照包裝說明將油麵（1 包）煮熟，盛入容器中，將 1 大匙熱水和 1 小撮雞高湯粉混合（不含在材料中）後拌入，最後放上適量的做法 2 即可享用。

胃口不好的日子，吃滑順的菇菇補充營養

黏稠滑菇與海藻根

材料 为使烹調的量

滑菇 1 包（100 克）
海帶根（已調味）1 包（40 克）
細麵 1 束（50 克）

A
| 醬油 2 小匙
| 檸檬汁 1 小匙
| 砂糖 1 小撮

做法

1　滑菇放進篩網裡，淋入滾水，再剝散開來。

2　海帶根和 A 放入攪拌盆中混拌均勻，再加入做法 1 混合。

3　依照包裝說明將細麵 1 束（50 克）煮熟，用水漂過後瀝乾，淋上少許醬油（不含在材料中），放上做法 2 即可享用。

—— points ——▶
❶檸檬香味清爽，讓這道菜爽口不膩。
❷這道料理再放上豆腐，也很好吃喔！

簡單　耐放

27

 使用罐頭和魚露，簡單迅速的異國風味好菜

羅勒彩椒雞肉

材料 ｜ 方便烹調的量

黃色彩椒 1 顆
烤雞肉罐頭（鹽味）1 罐
白飯 1 碗

A ｜ 魚露、蠔油各 1½ 小匙
蒜（切碎）1 小匙
乾羅勒 1/2 小匙
小紅辣椒（切圓片）少許

—— points ——▶

❶如果不喜歡魚露的話，可以改用醬油。
❷這道菜也可以當成便當的配菜。

兒童口味　耐放

做法

1　彩椒切成一口大小的滾刀塊。

2　將 A 倒入耐熱容器中攪拌均勻，放入做法 1、烤雞肉，蓋上保鮮膜，以微波爐加熱 3 分鐘。

3　盛裝好白飯，放上適量的做法 2 即可享用。

秋葵的嚼勁與黏稠口感，吃了就會胃口大開

柴魚風味秋葵

材料 方便烹調的量

秋葵 10 支
細麵 1 束（50 克）

A
| 醬油 1½ 小匙
| 柴魚片 1 包（2.5 克）
| 薑泥 1/4 小匙

做法

1 秋葵用保鮮膜包起，以微波爐加熱 1 分 20 秒。

2 取出做法 1，用冷水漂過後瀝乾，然後切丁，放入攪拌盆中，加入 A 混拌均勻。

3 依照包裝說明將細麵 1 束（50 克）煮熟，用水漂過後瀝乾，加入 3/4 杯（150 毫升）水、2 大匙日本麵味露（不含在材料中），放上做法 2 即可享用。

—— **points** ——▶

❶薑的香味是這道料理美味的訣竅。
❷搭配茗荷或紫蘇，分量與風味會更豐富。

耐放

煎炒香氣引發食慾

油淋醬燒蕪菁

材料　方便烹調的量

蕪菁 3 顆（240 克）
油麵 1 包

A｜
蔥（斜切薄片）5 公分
醬油、醋各 2 大匙
砂糖 1 大匙
小紅辣椒（切圓片）少許
沙拉油 2 小匙

──► points ──►
❶這道料理的靈感來自中式常見菜色。
❷把蔥切成薄片，可以縮短烹調時間。

耐放

做法

1　蕪菁連著少許的莖，連皮一起切成 6 等分的月牙形。蕪菁葉則切成 3 公分的長段。

2　平底鍋中倒入沙拉油加熱，放入蕪菁和蕪菁葉，煎炒 2 分 30 秒至上色，然後翻面，倒入拌勻的 A 混拌。

3　依照包裝說明將油麵（1 包）以微波爐加熱至熟，拌入少許芝麻油、鹽（不含在材料中），放上適量的做法 2 即可享用。

甘甜辛辣，不管多少都吃得下

美乃滋咖哩洋蔥

材料 | 方便烹調的量

大洋蔥 1 顆（250 克）
日式美乃滋 2 大匙
蒜泥、薑泥各 1 小匙
水 3 大匙
冷凍烏龍麵 1 球

A | 咖哩粉、鹽各 1/2 小匙
胡椒少許

—— points ——▶

加入美乃滋翻炒，味道更濃郁，
更能引出洋蔥的甜味。

做法

1　將美乃滋、蒜泥、薑泥和切成 1 公分厚的圓片洋蔥加入平底鍋中，加熱翻炒 1 分鐘，倒入水後蓋上鍋蓋，不時掀開混拌，加熱 3 分鐘。

2　將 A 加入做法 1 中翻炒混合。

3　依照包裝說明將冷凍烏龍麵（1 球）以微波爐加熱，拌入 1 大匙日本麵味露（不含在材料中），放上適量的做法 2 即可享用。

耐放

大口享用醬油和鹽醃牛肉的組合

鴻喜菇鹽醃牛肉

材料 | 方便烹調的量

鴻喜菇 1 大包（200 克）
鹽醃牛肉 1 罐（100 克）
珠蔥 2 支
冷凍烏龍麵 1 球

A | 醬油 1 大匙
  | 味醂、醋各 1 小匙

做法

1 鴻喜菇去除根部，剝散開來。珠蔥切成蔥花。

2 將 **A** 倒入耐熱容器中混合均勻，鹽醃牛肉剝成小塊後放入，加入鴻喜菇，大略混拌，然後以微波爐加熱 3 分鐘。取出，撒上珠蔥。

3 依照包裝說明將冷凍烏龍麵（1 球）煮熟，拌入少許醬油、芝麻油（不含在材料中），放上適量的做法 **2** 即可享用。

── points ──▶

鹽醃牛肉的油脂是美味的來源。也可以
另外撒上咖哩粉 1/2 小匙調味。

簡單 | 兒童口味 | 耐放

一放到熱騰騰的白飯上，就聞到芝麻油的香氣

韓式涼拌薑味韭菜

材料 方便烹調的量

韭菜 1 把（100 克）
白飯 1 碗

A
- 薑泥、芝麻油各 1 小匙
- 鹽 1 小撮
- 雞高湯粉 1 小匙
- 研磨芝麻 1 大匙

做法

1 韭菜切成 4 公分的長段。

2 將做法 1、A 放入攪拌盆中，蓋上保鮮膜，以微波爐加熱 2 分鐘。取出後混合均勻。

3 盛裝好白飯，放上適量的做法 2 即可享用。

— points →
韭菜煮熟後會縮小，1 把一下子就吃光了。

耐放

 和孩子一起享用吧！
椰奶咖哩南瓜

材料 方便烹調的量

南瓜 1/4 顆（200 克）
白飯 1 碗

A
椰奶 1 小罐（165 克）
咖哩粉、醬油各 1 小匙
鹽 1/2 小匙
薑泥 1 小匙

做法

1 南瓜皮削薄，切成 0.8 公分厚的片狀。

2 將做法 1、A 放入耐熱容器中，混拌均勻，稍微蓋上保鮮膜，不用包太緊，以微波爐加熱 5 分鐘。

3 盛裝好白飯，澆入適量的做法 2 即可享用。

—— points ——▶

椰奶和南瓜的甜味，與咖哩非常契合，絕對是讓人上癮的美味。

兒童口味　耐放

35

 甜甜辣辣的竹筍，好吃得讓人感動

滷肉飯風味竹筍

材料 方便烹調的量

水煮竹筍 1 包（250 克）
薑、蒜（切碎）各 1 小匙
白飯 1 碗

A
- 水 100 毫升（1/2 杯）
- 蠔油 1 大匙
- 醬油、砂糖各 2 小匙

芝麻油 1 大匙

—— points ——▶
竹筍炒到有點焦色最好吃。

兒童口味　耐放

做法

1 平底鍋中倒入芝麻油加熱，放入切成 1.5 公分小塊的竹筍快炒，然後加入薑碎、蒜碎翻炒至散出香氣。

2 加入 A 煮 2 分鐘。

3 盛裝好白飯，放上適量的做法 2 即可享用。

辣油的辛麻感是最棒的隱藏風味

棒棒小黃瓜

材料 方便烹調的量

小黃瓜 2 條（200 克）
油麵 1 包

A
┃ 柚子醋、日式美乃滋各 1 大匙
┃ 研磨芝麻 2 大匙
┃ 帶辣椒渣的辣油 2 小匙
┃ 砂糖 1 小撮

做法

1　小黃瓜切成細絲。

2　將 A 混拌均勻備用。

3　依照包裝說明將油麵（1 包）以微波爐煮熟，拌入少許芝麻油、1 小撮鹽（都不含在材料中），放上適量的做法 3 即可享用。

— points ▶

❶辣油的辣度各有不同，可自行調整。
❷也可將小黃瓜拍碎，不同的口感一樣好吃

簡單

不同厚度的蓮藕，不管是看起來或吃起來風味都不同

蓮藕香辣蕃茄義大利麵

材料 | 方便烹調的量

蓮藕 1 節（200 克）
培根 2 條
蒜（壓碎）1/2 片
義大利麵 80 克

A
| 蕃茄丁 1/2 包（200 克）
| 調味湯素（顆粒）2 小匙
| 砂糖、鹽各 1/2 小匙
| 醬油 1 小匙
| 辣油 1/2 小匙

橄欖油 1 大匙

耐放

做法

1 蓮藕帶皮切成 0.5 公分厚的半月形。培根切成 5 公分的長段。

2 平底鍋中倒入橄欖油，加入蒜碎爆香，放入做法 1 快炒。接著加入 A，蓋上鍋蓋煮 4 分鐘。

3 依照包裝說明將義大利麵（80 克）煮熟，拌入少許鹽、胡椒（不含在材料中），澆入做法 2 即可享用。

邊吃邊喝、邊喝邊吃

PART 3
最對味的下酒類配菜

每天工作辛苦了！
回家痛快地開一罐啤酒。
「唉呀，沒有下酒菜。」這時也不用擔心。
適合做為辛苦一天的小小獎勵，
馬上能簡單做好的小菜，就在這裡。

日本麵味露和烤雞肉罐頭調和出的濃厚風味

甜辣青椒

材料 方便烹調的量

青椒 5 顆
烤雞肉罐頭（醬油味）1 罐
白芝麻少許

A │ 日本麵味露（麵之友醬油露，3 倍濃縮）1 小匙
  │ 芝麻油 2 小匙

做法

1 青椒縱切成半，再切成 0.5 公分寬的條狀，
  放入耐熱容器中，加入烤雞肉和 A。

2 將做法 1 蓋上保鮮膜，以微波爐加熱 2 分
  鐘，取出混拌均勻即可享用。

—— points ——▶
改用秋刀魚或沙丁魚的蒲燒罐頭烹調，
也很好吃喔！

簡單　兒童口味　耐放

簡單的調味，就能發揮素材的美味

章魚白菜

材料 方便烹調的量

白菜 1/8 株（125 克）
鹽、海苔粉各 1 小匙
水煮章魚腳 1 條（80 克）
日式美乃滋 2 大匙
紅薑（切細條）適量

做法

1　白菜葉和芯分開。芯切成 5 公分的長段後，順著纖維再切成 0.5 公分寬。白菜葉切大片，裝入密封袋中，加入鹽搓揉混合。

2　將做法 1 瀝乾水分放入攪拌盆中，加入切成薄片的章魚和美乃滋，混拌均勻。

3　裝盤後，撒上紅薑和海苔粉即可享用。

—— points ——▶
紅薑可依照個人喜好增減分量。

兒童口味　耐放

超乎想像的食材組合

味噌辣油豌豆莢

材料 | 方便烹調的量

豌豆莢 15 個（130 克）
飯糰用海苔 2 張
（每張長 21 公分 × 寬 19 公分的海苔 2/3 片）

A [味噌 2 小匙
帶辣椒渣的辣油 2 小匙

做法

1 豌豆莢撕掉筋、去蒂，用水漂過，以保鮮膜包起，
再用微波爐加熱 1 分 30 秒。

2 將 A 加入攪拌盆中拌勻，放入做法 1 和撕成小塊
的海苔，混拌後即可享用。

—— points ——▶

❶不要煮太熟，不然無法保留豌豆莢的清脆口感。
❷從微波爐拿出來後馬上用冷水漂過，豌豆莢便
能保持鮮綠。

簡單 耐放

簡單的調理方法才能產生的柔和風味

柚子青辣椒金針菇

材料 方便烹調的量

金針菇 1 包（180 克）
柴魚片 2 小撮

A
┃ 柚子青辣椒醬 1/2 小匙
┃ 鹽 1 小撮
┃ 味醂 2 小匙

做法

1 金針菇去除根部，切成一半的長度，剝散開來。

2 將 A 倒入耐熱容器中攪拌均勻，放入做法 1 混合，蓋上保鮮膜，不用包太緊，以微波爐加熱 2 分鐘。

3 裝盤，撒上柴魚片即可享用。

—— points ——▶

選擇包裝袋內空氣較少，沒有散開、緊實整齊的新鮮金針菇為佳。

簡單　耐放

 加入檸檬，就能產生異國風味
鹽辛香菜

材料 | 方便烹調的量

香菜 1 把（100 克）
鹽辛 2 大匙

A [芝麻油 2 小匙
檸檬汁 1 小匙

做法

1　香菜切大片。

2　將鹽辛和 A 放入攪拌盆中混拌均勻，再加入做法 1 混拌即
　　可享用。

—— points ——▶

❶也可以依照自己的喜好，撒上七味粉調味。

❷編注：鹽辛是日本的漬物，是用醬油或者鹽醃製的海鮮或
　醬菜，常見用於烹調的料理有鹽辛魷魚、鹽辛花枝等。

(簡單)

香濃風味很下飯

韓式美乃滋辣牛蒡

材料 方便烹調的量

牛蒡 1 根（150 克）

A
韓式辣醬、日式美乃滋各 1 大匙
醬油、砂糖、沙拉油各 1 小匙
白芝麻 1 大匙

做法

1 牛蒡用削皮刀削成 5 ～ 6 公分長的薄片，用水漂過後瀝乾。

2 將做法 1 一條條鋪在耐熱的盤子上，蓋上保鮮膜，不要包太緊，以微波爐加熱 4 分鐘。

3 將 A 倒入攪拌盤中攪拌均勻，放入做法 2 混拌即可享用。

—— points ——▶

牛蒡不削皮也可以。用水漂過就可去除獨特氣味。

耐放

煎出焦色的白蘿蔔，調製成麻辣風味

韓式風味油煎白蘿蔔

材料 方便烹調的量

白蘿蔔 10 公分（300 克）

A
蒜泥或生蒜泥醬 1/4 小匙
韓式辣醬、醬油各 2 小匙
研磨芝麻 1 大匙

芝麻油 1 大匙

做法

1　白蘿蔔切成 0.5 公分厚的半月形。如果有葉子的話，用保鮮膜包起，以微波加熱 40 秒，再取出切碎。

2　將 A 混合均勻備用。

3　平底鍋倒入芝麻油加熱，放入白蘿蔔，不要翻炒，直接加熱 4 分鐘，將兩面都煎到焦色。均勻淋上 A 後充分拌合，撒上蘿蔔碎葉即可享用。

──── **points** ────▶
切成薄片油煎，再均勻淋上調味料充分拌合，便能製造出香濃風味。

耐放

便宜又大把的豆苗，呈現出沙拉風味

芝麻起司豆苗

材料 方便烹調的量

豆苗 1 包

A
- 白芝麻 1 大匙
- 茅屋起司（cottage cheese）50 克
- 日式美乃滋 2 大匙
- 橄欖油 2 小匙
- 鹽 1/4 小匙
- 胡椒少許

做法

1 豆苗去除根部。

2 將 A 加入攪拌盆中攪拌均勻，放入做法 1 混拌即可享用。

—— points ——▶

茅屋起司熱量低，但是味道香濃且富含蛋白質。

兒童口味　簡單

櫻花蝦的香味與口感讓人開心地品嘗

櫻花蝦蕃茄

材料 方便烹調的量

小蕃茄 1 包
櫻花蝦 2 大匙

A
醬油、芝麻油各 2 小匙
醋 1 小匙
和風黃芥末醬少許

做法

1 小蕃茄對切成一半。

2 櫻花蝦放在耐熱的盤子上，不用蓋保鮮膜，直接
  以微波爐加熱 10 秒。

3 將 **A** 倒入攪拌盆中攪拌均勻，放入做法 **1** 和 **2** 混
  拌即可享用。

 points ➤
❶蕃茄隨便切也可以。
❷櫻花蝦用微波爐加熱，會散發迷人的香氣。

簡單　兒童口味　耐放

 超級簡單、無比下飯
芥末醬萵苣

材料 方便烹調的量

萵苣1顆（300克）

A | 顆粒芥末醬、起司粉、水各1大匙
橄欖油2大匙
鹽1小撮

做法

1 萵苣切成8等分的月牙形，放在耐熱的盤子上，蓋上保鮮膜，以微波爐加熱1分鐘。

2 將A混合均勻，然後淋在做法1上即可享用。

—— points ▶

❶稍微加熱的話，萵苣口感會很清脆，但不會太硬。

❷也可以用少許檸檬汁代替顆粒芥末醬。

簡單

清爽的醃漬鮭魚，油亮的醇厚香氣

醃漬燻鮭魚蕪菁

材料 方便烹調的量

蕪菁 3 顆（240 克）
燻鮭魚（切片）6 片
檸檬（切薄片）4 片

A
醋、橄欖油各 1 大匙
砂糖 1/2 小匙
鹽 1/2 小匙多一點

做法

1 蕪菁連著少許的莖，切下葉的部分。蕪菁對切成一半，再切成薄片。葉子切成 3 公分的長段。

2 燻鮭魚切成容易入口的大小。

3 蕪菁和葉子放入密封袋中，加入 A 搓揉均勻。

4 將做法 3、燻鮭魚、檸檬放入攪拌盆中，混拌均勻即可享用。

——— points ——▶
用火腿或蟹肉口味的魚板代替燻鮭魚，美味度不減。

耐放

讓你更喜愛白花椰的下酒菜
奶油起司白花椰

| 材料 | 方便烹調的量

小的白花椰 1 顆（400 克）

A ┃ 奶油起司 30 克
┃ 鮮奶 2 大匙
┃ 鹽 1/2 小匙
┃ 胡椒、蒜泥各少許

—— **points** ——▶
白花椰是即使加熱也不會流失維生素 C
等營養素的優秀蔬菜。

| 做法

1 將 A 倒入耐熱容器中，以微波爐加熱 30 秒，攪拌均勻。

2 白花椰分成小朵，太大朵的切成一半，蓋上保鮮膜，以微波爐加熱 4 分鐘。

3 將做法 1 淋在做法 2 上，混拌均勻即可享用。

耐放

韭菜與油豆腐的美味

辛香韭菜味噌

材料 方便烹調的量

韭菜 1 把（100 克）
油豆腐 1 塊

A
味噌 4 小匙
砂糖、水、醬油各 2 小匙
蒜泥或生蒜泥醬少許

做法

1 韭菜切成 4 公分的長段。油豆腐用廚房紙巾吸去油脂，再用手撕成一口大小。

2 將 A 倒入攪拌盆中攪拌均勻。

3 將韭菜、油豆腐放入耐熱容器中，蓋上保鮮膜，以微波爐加熱 3 分鐘。

4 將做法 2 淋入做法 3 混合即可享用。

── points ──▶

韭菜富含大蒜素，可以幫助吸收大豆的維生素 B_1，相信具有緩解疲勞的效果。

耐放

 鱈魚子和橄欖油調製成的簡單醬料

南蠻鱈魚子

材料 方便烹調的量

大的洋蔥 1 顆（250 克）
鱈魚子 2 條（50 克）

A
醬油（可以的話用淡味醬油）2 小匙
醋、水、砂糖各 1 大匙
鹽 1 小撮

橄欖油 2 大匙

做法

1 洋蔥切薄片，用大量的水浸泡沖洗，再用篩網瀝乾。

2 鱈魚子外膜割開，擠到耐熱容器中，淋上橄欖油，蓋上保鮮膜，以微波爐加熱 40 秒。

3 將 A 倒入攪拌盆中攪拌均勻，放入做法 1 混合，裝盤後再放上做法 2 即可享用。

—— points ——▶
如果不喜歡洋蔥的辛辣味，可以多換幾次水。

耐放

不管是哪一種類的酒都可以搭配的絕品下酒菜

橄欖油漬香菇

材料 方便烹調的量

香菇 6 朵
蒜（切成薄片）1 瓣
鹽 2 小撮

A ｜ 橄欖油 5 大匙
　｜ 小紅辣椒 1 根

做法

1 把香菇的菇傘和菇柄分開。菇傘切一半，菇柄去除蒂頭後切成細條。蒜切薄片。

2 取一個較小的平底鍋，加入蒜片和 A 後加熱，等散發出香味再放入香菇和鹽快炒，不時一邊翻拌食材，一邊加熱煮 3 分鐘即可。

—— points ——▶

剩下的橄欖油可以塗在吐司上，或是拌義大利麵、烏龍麵。

簡單　耐放

芥末的清爽搭配橄欖油的濃郁
山葵水芹菜

材料 方便烹調的量

水芹菜 2 把（100 克）
鱈寶（日本的鱈魚漿產品）1 塊

A | 山葵（綠芥末）1/2 小匙
  | 醬油、橄欖油各 1 小匙

做法

1 水芹菜摘下葉子，莖切一段一段。鱈寶撕成一口大小。

2 將 A 倒入攪拌盆中攪拌均勻，放入做法 1 混拌即可享用。

— points →

水芹菜是超級食物，對於眼睛疲勞、美肌、浮腫、煩躁等都具有效果。

簡單

 加入砂糖就能讓風味變得濃郁

芝麻味噌奶油竹筍

材料 方便烹調的量

水煮竹筍1包（250克）
奶油 10 克
七味粉少許

A ｜ 味噌、砂糖各 2 大匙
｜ 水 1 大匙
｜ 醬油 2 小匙
｜ 研磨芝麻 2 大匙

—— points ——▶
這道下酒菜也可冷凍保存。

兒童口味 耐放

做法

1 竹筍的筍尖和根部切開。筍尖切成月牙形，根部切成 1 公分厚的銀杏葉型（1/4 圓）。

2 平底鍋加熱，放入奶油，等奶油稍微融化後，放入做法 1，翻炒 3 分鐘至上色。

3 加入攪拌均勻的 A，煮 2 分鐘。

4 裝盤，撒上七味粉即可享用。

簡單又好吃
韓式風味山芹菜

材料 方便烹調的量

山芹菜 1 把（100 克）
韓式海苔 5 片

A
日本麵味露
（麵之友醬油露，3 倍濃縮）1 小匙
芝麻油 2 小匙

做法

1 山芹菜切成 4 公分的長段，用保鮮膜包起，以微波爐加熱 40 秒。

2 將 A 和做法 1 放入攪拌盆中，攪拌均勻，海苔用手撕碎後加入混合即可享用。

— points ▶
改用烤海苔也很好吃。山芹菜可以
安撫興奮的神經，具有安眠效果。

簡單

大蒜與辣椒的雙重夾擊
香蒜鹿尾菜與鵪鶉蛋

材料 | 方便烹調的量

乾燥鹿尾菜芽（羊棲菜）1包（25克）
水 100 毫升（1/2 杯）
蒜（切薄片）1 片
小紅辣椒（切圓片）少許
水煮鵪鶉蛋 10 顆

A ⎡ 醬油 1 小匙
　⎣ 鹽少許

橄欖油 2 大匙

—— points ——▶
在做法 **3** 中加入 **2** 大匙的「水」，會讓鹿尾菜膨脹。

耐放

做法

1　鹿尾菜用水漂過，放入耐熱容器中，加入水，蓋上保鮮膜，不要包太緊，以微波爐加熱 **4** 分鐘。

2　平底鍋中加入橄欖油、蒜、小紅辣椒，以小火加熱。

3　將 **2** 大匙水（不含在材料中）加入做法 **2** 中攪拌均勻（乳化），放入做法 **1**、鵪鶉蛋和 **A** 翻炒混合即可享用。

剛起鍋的香味讓人口水直流

柴魚奶油香煎山藥

材料 方便烹調的量

山藥 10 公分（250 克）
鹽 1 小撮
奶油 10 克

A ｜ 醬油 2 小匙
　｜ 柴魚片 5 克

做法

1　山藥洗乾淨，連皮切成 1 公分厚的圓片，撒上鹽備用。

2　平底鍋加熱，放入奶油，加熱至稍微融化後，放入做法 1，一塊塊排好，煎至兩面焦色。最後加入 A 翻炒混合即可享用。

—— points ——▶
如果不喜歡山藥的鬚根，可以直接
在火上烤一下。

兒童口味　耐放

 招牌的組合，安定的美味

青辣椒與酥脆炸豆皮

材料 方便烹調的量

青辣椒 1 包
炸豆皮 1 塊
鹽 1 小撮

A ⌉ 醬油、味酥各 1 小匙
沙拉油 2 小匙

做法

1 平底鍋中倒入沙拉油加熱，放入青辣椒和炸豆皮。青辣椒不時翻炒至焦色，起鍋，撒上鹽備用。

2 炸豆皮兩面煎至咖啡色，淋上 A 混拌均勻。

3 將做法 2 切細條，和青辣椒混拌均勻即可享用。

—— points ——▶

可以用日本麵味露（麵之友醬油露）取代 A。此外，擠上檸檬也很好吃。

耐放

好吃便宜又好看

PART 4
極省錢的發薪前配菜

距離發薪日還有一週，
必須用約新台幣 300 元撐過去。
這些厲害的食譜就獻給有決心的你。
大家族、窮學生，每個人都可以。
絕對讓你吃到撐、滿足到爆。

鹽昆布溫和的風味美妙至極

鹽奶油青椒

| 材料 | 方便烹調的量 |

青椒 5 顆
鹽昆布 10 克
含鹽奶油 5 克

| 做法 |

1 青椒縱切成對半,再縱切成 0.5 公分寬的長條,放入耐熱容器中,加入鹽昆布,蓋上保鮮膜,以微波爐加熱 2 分鐘。

2 取出做法 1,加入含鹽奶油混拌均勻即可享用。

—— points ——▶
青椒沿著纖維縱切,咬起來更清脆舒爽。

簡單　兒童口味　耐放

柚子醋的調味，吃到最後一口都很清爽

日本麵味露豆芽菜

材料 | 方便烹調的量

豆芽菜 1 包
竹輪 3 條
珠蔥 3 支

A | 日本麵味露（麵之友醬油露）2 大匙
柚子醋 1 大匙

—— points ——▶

柚子醋也可以改用蠔油，變身成為
味道濃郁、補充精力的下酒菜。

做法

1 豆芽菜去除顯眼的鬚根。竹輪縱切成對半，斜切
成 0.8 公分寬的片狀。珠蔥切成 5 公分的長段。

2 豆芽菜和竹輪放入耐熱容器中，蓋上保鮮膜，以
微波爐加熱 2 分鐘。

3 將 A 倒入做法 2 中攪拌均勻，加入珠蔥混拌即
可享用。

簡單　兒童口味

 一下子就可以做好的健康下酒菜
韓式涼拌海帶芽

| 材料 | 方便烹調的量

乾燥海帶芽（切碎）10 克

A
醬油、芝麻油 各 2 小匙
研磨芝麻 1 大匙
蒜泥或生蒜泥醬少許

| 做法

1 依照包裝說明將海帶芽放入水中泡開，再擠乾水分。

2 將 A 倒入攪拌盆中攪拌均勻，放入做法 1 混拌即可享用。

—— points ——▶
這道料理用薑代替蒜烹調，也很
美味喔！

簡單　耐放

醃漬黃蘿蔔與水菜的清脆口感

嚼嚼黃蘿蔔水菜

材料 方便烹調的量

水菜 1 把（200 克）
醃漬黃蘿蔔 5 公分

A 壽司醋 2 小匙
  沙拉油 1 大匙

做法

1 水菜去除根部，切成 5 公分的長段，醃漬黃蘿蔔切成細條。

2 將 A 倒入攪拌盆中攪拌均勻，放入做法 **1** 混拌即可享用。

—— points ——▶
黃蘿蔔也可以用柴漬醬菜或榨菜代
替，享受不同的風味。

簡單　兒童口味

清爽的調味，轉眼間就吃光光
日式醃梅炒小黃瓜

材料 | 方便烹調的量

小黃瓜 2 條（200 克）
豬五花肉 100 克
日式醃梅 2 顆

A ｜ 日本麵味露（麵之友醬油露，3 倍濃縮）2 小匙
｜ 鹽 1 小撮

做法

1 小黃瓜用擀麵棍輕輕拍碎，切成容易用手拿起來
 吃的大小。

2 醃梅剁碎。豬肉切成容易入口的大小。

3 平底鍋加熱，放入豬五花肉翻炒 1 分 30 秒至上色，
 放入小黃瓜快炒，再加入醃梅和 **A** 迅速翻炒混合
 即可享用。

—— points ——→
可以用豬肉釋出的油脂快炒。

簡單 熱食

味噌與蕃茄醬在口中交織成二重奏

味噌蕃茄醬四季豆

材料｜方便烹調的量

四季豆 100 克

A
| 味噌、蕃茄醬各 2 小匙
| 醬油、芝麻油各 1 小匙
| 砂糖、豆瓣醬各 1/2 小匙

做法

1 四季豆用水漂過，切成 4 公分的長段，用保鮮膜包起，以微波爐加熱 2 分鐘。

2 將 A 倒入攪拌盆中攪拌均勻，放入做法 **1** 混拌即可享用。

—— points ——▶
調味十分下飯，也可當成便當的配菜。

簡單 耐放

研磨芝麻與芝麻油融合出豐富的香味

芝麻拌苜蓿芽

材料 | 方便烹調的量

苜蓿芽 1 包
雞胸肉 2 塊

A
日本麵味露
（麵之友醬油露，3 倍濃縮）2 小匙
蒜泥或生蒜泥醬少許
研磨白芝麻 1 大匙
芝麻油 1 小匙

—— points ——▶
雞胸肉加熱過度會爆開，所以用餘
熱燜熟即可。

做法

1 雞胸肉去筋，用保鮮膜包起，以微波爐加熱 2 分鐘。

2 取出雞胸肉，大致放涼後撕成容易入口的大小。

3 將苜蓿芽、做法 2 和 A 混拌均勻即可享用。

簡單　兒童口味

 香煎與高湯，呈現出圓滿的風味

香煎青辣椒

材料 方便烹調的量

青辣椒 1 包
魚肉香腸 1 條

A
高湯 50 毫升（1/4 杯）
醬油、味醂各 1 小匙
鹽 1 小撮

沙拉油 2 小匙

—— points ——▶

適合當發薪前的料理，也可當成
好吃的下酒菜。

簡單　耐放

做法

1　魚肉香腸斜切成 0.8 公分厚的片狀。

2　平底鍋中倒入沙拉油加熱，放入青辣椒煎至上色，最後再
加入 A 稍微混拌即可享用。

酸酸甜甜，禁不住越吃越多

芝麻伍斯特醬苜蓿芽

材料 方便烹調的量

苜蓿芽 1 包

A
伍斯特醬 2 小匙
柑橘果醬 1 小匙
醬油、研磨黑芝麻各 1 小匙

做法

1 苜蓿芽裝盤。

2 淋上攪拌均勻的 A 即可享用。

—— points ——▶

改用豆苗或蘿蔔嬰取代苜蓿芽也很好吃。

簡單　兒童口味

水菜的清爽口感在口中擴散開來

清脆炒水菜

材料 方便烹調的量

水菜 1 把（200 克）
魩仔魚 30 克

A 蒜泥少許
　昆布茶粉、水各 2 小匙

沙拉油 1 大匙

做法

1 水菜去除根部，切成 4 公分的長段。A 攪拌均勻備用。

2 平底鍋中倒入沙拉油加熱，放入魩仔魚翻炒。

3 魩仔魚炒乾後，加入 A 混拌，再放入水菜後熄火，快速充分混拌即可享用。

── points ──▶
熄火後，用餘熱完成，口感更棒！

 兒童口味

極省錢的發薪前配菜

 海帶芽、醃梅與橄欖油的三重奏
醃梅拌海帶芽

材料 方便烹調的量

乾燥海帶芽（切碎）10 克

A
醃梅肉、橄欖油各 2 小匙
醬油 1 小匙
砂糖 1 小撮

做法

1 依照包裝說明將海帶芽放入水中泡開，再擠乾水分。

2 將 A 倒入攪拌盆中攪拌均勻，放入做法 **1** 混拌即可享用。

—— points ——▶

海帶芽的營養素（碘）和油一起食用，
能夠增加吸收率。

簡單 耐放

大口咀嚼吸飽醬汁的麵衣

甜辣黃豆

材料 | 方便烹調的量

水煮黃豆 1 包（55 克）
太白粉 1 大匙

A ┃ 醬油、砂糖各 1 大匙
　 ┃ 醋 1 小匙

橄欖油 2 大匙

—— points ——▶
使用包或罐裝的乾燥「蒸煮黃豆」
烹調的話，就不需要另外瀝乾水分。

做法

1 黃豆瀝乾水分，放入密封袋中，撒上太白粉，混拌均勻。

2 平底鍋中倒入橄欖油加熱，將做法 1 放入平底鍋，手持
鍋柄，鍋子畫圓搖晃，翻炒 5 分鐘至黃豆發出沙沙聲響。

3 將 A 倒入攪拌盆中攪拌均勻，放入做法 2 充分混拌即可
享用。

兒童口味　耐放

一盤就可吃飽飽
擔擔青江菜

材料 | 方便烹調的量

青江菜 2 棵
豬肉（碎肉、邊肉）150 克

A
味噌 2 大匙
砂糖、研磨白芝麻各 1 大匙
醬油、太白粉 各 1 小匙
水 6 大匙

沙拉油 2 小匙

—— points ——▶
當然，也可以使用絞肉做這道菜。

[熱食]　[兒童口味]

做法

1 青江菜縱切成 4 小棵，裝在耐熱盤子上，蓋上保鮮膜，以微波爐加熱 2 分鐘。將 A 混合均勻備用。

2 平底鍋中倒入沙拉油加熱，放入豬肉炒至變色，加入混合好的 A，加熱至濃稠狀。

3 將做法 1 裝盤，澆上做法 2 即可享用。

PART 5
簡單做的健康味配菜

想用飲食促進新陳代謝，
或消除肥胖的小腹。
但空腹是最大的壓力來源，
建議試試健康的配菜吧！
可以讓肚子和心都獲得滿足，
從體內開始變得漂亮乾淨。

 昆布茶、海苔、醃梅，都讓人上癮

清脆馬鈴薯醃梅沙拉

材料 | 方便烹調的量

馬鈴薯 2 顆（300 克）
海苔絲適量

A｜ 醃梅肉、沙拉油各 1 大匙
　｜ 昆布茶粉 1 小匙

做法

1 馬鈴薯切細絲，用水漂過後瀝乾，放入耐熱容器中，蓋上保鮮膜，以微波爐加熱 2 分鐘。

2 將做法 1 稍微混拌，再蓋上保鮮膜悶 30 秒。

3 將做法 2 加入 A 混拌均勻，裝入盤中，撒上海苔絲即可享用。

—— points ——▶

以刨絲刀將馬鈴薯刨成細絲
也很方便。

耐放

 跟平常不一樣的韓式風味涼拌菠菜

韓式菠菜

材料 方便烹調的量

菠菜 1 把

A
- 蔥（切成蔥花）3 公分
- 蒜泥或生蒜泥醬 1/4 小匙
- 辣椒粉少許
- 醬油、芝麻油、芝麻粉各 2 小匙
- 砂糖 1/2 小匙

做法

1 菠菜用水漂過，用保鮮膜包起，以微波爐加熱 1 分 30 秒。拿掉保鮮膜，用水沖涼瀝乾，切成 3 公分的長段。

2 將 A 倒入攪拌盆中攪拌均勻，然後放入做法 1 混拌即可享用。

— points ▶

菠菜的草味可用芝麻油蓋過。

耐放

壽司醋散發出溫潤的口感
檸檬拌西洋芹

| 材料 | 方便烹調的量

西洋芹 2 支（180 克）
檸檬（切薄片）4 片

A
檸檬汁 2 小匙
壽司醋 1 大匙
鹽 1/2 小匙
橄欖油 1 小匙

—— points ——▶
把剩下的西洋芹葉也加進去，
更能散發清爽香氣。

做法

1 芹菜挑掉莖的筋，沿著纖維切成 5 公分的長薄片。葉子切片，放入密封袋中。

2 將做法 1 加入 A 稍微搓揉混拌，最後加上檸檬薄片即可享用。

耐放

大家都喜歡的簡單小菜
涼拌蘆筍

材料 | 方便烹調的量

蘆筍 6 支
柴魚片 1 包（2.5 克）

A
| 高湯 100 毫升（1/2 杯）
| 醬油、味醂各 1 小匙
| 鹽 1 小撮
| 橄欖油 1 小匙

做法

1 切除蘆筍根部較硬的部分，從根部往上削掉約 1/3 的外皮，然後切成 4 公分的長段。

2 將蘆筍放入耐熱容器中，蓋上保鮮膜，以微波爐加熱 2 分鐘。

3 將 A 倒入調理盤中混拌均勻，放入做法 2，撒上柴魚片即可享用。

— points →

如果在意味醂內含的酒精，
可以用微波爐加熱。

兒童口味 | 耐放

83

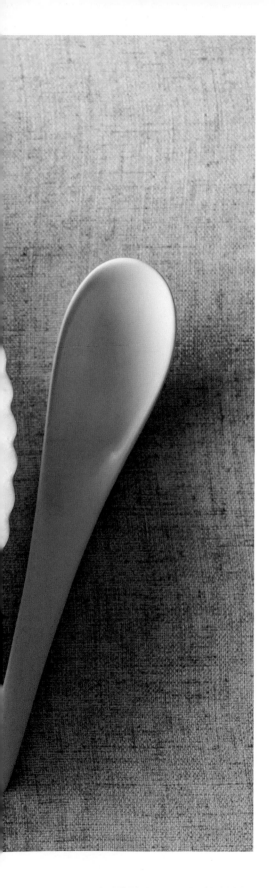

 干貝的美味，是一掃而空的祕訣

微波滑菇豆腐

材料 方便烹調的量

滑菇 1 包（100 克）
絹豆腐 1 塊（300 克）
干貝罐頭 1 罐
鹽 1/2 小匙
太白粉 1 小匙

A ⨅ 芝麻油、醬油各 1 小匙

做法

1 豆腐放入耐熱容器中，用飯杓壓碎，撒上剝散的干貝。

2 罐頭的湯汁加入鹽和太白粉混合，均勻淋在做法 1 上，蓋上保鮮膜，以微波爐加熱 3 分鐘。

3 取出做法 2，加入滑菇和 A，再加熱 2 分鐘即可享用。

— points ——▶

口感黏滑的滑菇非常好吃，這道菜
是也可以當成湯品的祕密武器。

兒童口味

山椒的麻辣刺激食慾

山椒魩仔魚高麗菜

材料 | 方便烹調的量

高麗菜 1/4 顆（250 克）
山椒粉適量

A
- 魩仔魚 3 大匙（15 克）
- 鹽 1/2 小匙
- 沙拉油 2 小匙

做法

1 高麗菜切絲。

2 將做法 1 和 A 放入密封袋中稍微搓揉混拌。

3 裝入盤中，撒上山椒粉即可享用。

—— points ——▶

高麗菜絲可以切粗一點，稍微
用微波爐加熱就可以了。

簡單

甜醋與蕃茄非常對味

生薑蕃茄

| 材料 | 方便烹調的量

蕃茄 2 顆
甜醋醃漬生薑 20 克

A
: 甜醋醃漬生薑的汁 1 大匙
橄欖 1 大匙
鹽少許

| 做法

1 蕃茄切成 6 等分的月牙形。

2 將 A 倒入攪拌盆中攪拌均勻，放入做法 1 和甜醋醃漬生薑混拌即可享用。

── **points** ──▶

簡單方便就能製作出的和風醃漬小菜，
料理新手也 OK。

簡單

黃色顆粒是讓秋葵更可口的魔法

咖哩風味香煎秋葵

材料 | 方便烹調的量

秋葵 10 支
雞胸肉 2 塊
鹽少許

A
| 日本麵味露
| （麵之友醬油露，3 倍濃縮）、水各 1 大匙
| 咖哩粉 1/2 小匙

沙拉油 2 小匙

── points ──▶
大家都喜歡的咖哩口味，而雞胸肉也很柔嫩好吃。

耐放

做法

1　秋葵蒂頭附近一圈硬皮用菜刀轉一圈去除。將 A 倒入調理盤中混合均勻。雞胸肉撒上鹽。

2　平底鍋中倒入沙拉油加熱，放入雞胸肉，蓋上鍋蓋煎 3 分鐘。然後把雞胸肉翻面，放入秋葵，再蓋上鍋蓋煎 2 分鐘。中間秋葵要翻面 1 次。

3　把煎好的秋葵和用筷子剝散的雞胸肉盛入容器中，淋上 A 混拌即可享用。

醃梅與豆腐呈現出清爽口味

春菊紅白配

材料 方便烹調的量

春菊 1 把（200 克）
絹豆腐 1/2 塊（150 克）

A｜醃梅肉 2 小匙
｜鹽 1/2 小匙
｜橄欖油、研磨白芝麻各 1 大匙

做法

1　春菊摘下葉子，莖斜切成薄片。

2　將 A 和豆腐放入攪拌盆中，用打蛋器等工具將豆腐打碎混合。

3　將做法 1 和做法 2 混拌均勻即可享用。

—— points ——▶
生的春菊口感柔嫩，與豆腐打成的
淋醬十分搭配。

簡單

 光看外表想像不出居然這麼美味

柚子醋納豆綠花椰

材料 方便烹調的量

綠花椰 1/2 顆（160 克）

A 碎納豆、醬料包各 1 包
柚子醋、橄欖油各 1 小匙

做法

1 綠花椰分成小朵，莖去除較厚的外皮，切塊。

2 將綠花椰蓋上弄濕擰乾的廚房紙巾，再用保鮮膜包起，以微波爐加熱 2 分鐘。

3 將做法 2 裝入盤中，加入 A 混拌均勻即可享用。

—— points ——▶

綠花椰拌上碎納豆，是營養豐富的組合。

耐放

一瞬間就完成充滿誠意的醃漬小菜

微波醃漬白蘿蔔

材料 方便烹調的量

白蘿蔔 10 公分（300 克）
火腿 2 片

A
| 昆布茶粉 1 小匙
| 水 2 大匙
| 醋、砂糖各 1 大匙
| 胡椒少許

做法

1 白蘿蔔切成 0.5 公分厚的銀杏葉形。火腿切碎。

2 將白蘿蔔和 A 放入耐熱容器中，蓋上保鮮膜，以微波爐加熱 2 分鐘，最後加入火腿混拌均勻即可享用。

— points →

烹調完成後，等 5 分鐘大致放涼
就可以開動囉！

兒童口味　耐放

沾著一起吃，滋味絕妙
豌豆莢鬆軟鱈寶

材料 | 方便烹調的量

豌豆莢 15 個（130 克）
鱈寶（日本的鱈魚漿產品）1 塊

A | 日式美乃滋 2 大匙
　 | 起司粉 2 小匙

做法

1 豌豆莢去除筋與蒂頭，用水漂過，用保鮮膜包起，以微波爐加熱 1 分 30 秒。

2 鱈寶放入密封袋中揉碎，然後加入 A 再搓揉混合均勻。

3 將做法 1 和做法 2 裝入盤中即可享用。

—— points ——▶

用微波爐加熱就可以輕鬆享受豌豆莢
的清脆與甘甜，簡單烹調又美味。

兒童口味　耐放

92

玉米與芝麻油味道居然如此搭配

韓式涼拌玉米粒

材料 方便烹調的量

玉米罐頭 2 罐（300 克）

A
- 醬油、芝麻油各 1 小匙
- 砂糖 1/2 小匙
- 鹽 1 小撮
- 蒜泥或生蒜泥醬
- 研磨白芝麻 2 小匙

做法

1　將 A 倒入攪拌盆中攪拌均勻。

2　放入瀝乾的玉米粒混拌即可享用。

── points ──▶

玉米粒用平底鍋炒至帶焦色，再與 A 混拌也很好吃喔！

簡單　兒童口味　耐放

充分地享受海洋的美味吧！

蛤蜊鹿尾菜

材料 方便烹調的量

乾燥鹿尾菜（羊棲菜）25 克
蛤蜊罐頭 1 罐（130 克）
薑（切絲）3 片

A ⎰ 水 100 毫升（1/2 杯）
  ⎱ 醬油、砂糖各 2 小匙

做法

1 鹿尾菜快速用水漂過。薑切絲。蛤蜊肉與汁分開。

2 鹿尾菜、A 和蛤蜊罐頭的汁放入耐熱容器中混合均勻，
  蓋上保鮮膜，不要包太緊，以微波爐加熱 5 分鐘。

3 將做法 2 和薑絲、蛤蜊肉混拌均勻即可享用。

── **points** ──▶
蛤蜊罐頭的汁是很好的高湯。

兒童口味　耐放

大家都喜愛的親切口味
柑橘果醬胡蘿蔔絲沙拉

材料 方便烹調的量

胡蘿蔔 1 條（200 克）

A
柑橘果醬 1 大匙
醋 1 小匙
鹽 1/2 小匙
胡椒少許

做法

1 胡蘿蔔切絲。

2 將 A 倒入密封袋中混合均勻，放入做法 1 搓揉至完全吸收醬汁即可享用。

— points ▶

這道菜很耐放，可以大量製作，不管
當成家常菜或便當菜都很美味。

簡單　兒童口味　耐放

95

 芥末的嗆辣與軟綿的山藥形成對比

鹽與芥末拌山藥泥

材料 方便烹調的量

山藥 10 公分（250 克）
培根 2 條
鹽 1/2 小匙
山葵醬（芥末醬）或西洋山葵膏 1 小匙

做法

1 山藥用削皮刀去皮，放入密封袋中，用**擀麵棍**等工具敲成泥狀，然後加入鹽和山葵，搓揉混合。

2 培根切碎。在耐熱盤子上鋪廚房紙巾，排上培根，盡量不要交疊擺放，以微波爐加熱 3 分鐘。

3 做法 **1** 裝入盤中，放上做法 **2** 即可享用。

—— points ——▶
山藥留一點顆粒，口感比較好。

簡單

油與蒜的豪華風味

油蒸小松菜

材料 方便烹調的量

小松菜 1 把
蒜 1 片
胡椒少許

A ｜ 水 1 大匙
｜ 鹽 1/2 小匙

橄欖油 2 小匙

做法

1 小松菜切除根部，莖葉分開，切成 5 ～ 6 公分的長段。蒜切半，用刀身壓碎。

2 平底鍋中倒入橄欖油，加入蒜爆香，放入小松菜和 A，蓋上鍋蓋，用中火蒸 2 分鐘。

3 撒上胡椒，翻炒均勻，熄火後即可享用。

—— points ——▶

油炒烹調，可保持小松菜的
鮮綠色澤。

簡單 耐放

 以微波爐蒸煮，十分水嫩

昆布茶蒸櫛瓜

材料 方便烹調的量

櫛瓜 1 條（180 克）
小香腸 3 條

A │ 昆布茶粉、沙拉油各 1 小匙
　│ 水 2 小匙
　│ 醬油、胡椒各少許

做法

1 櫛瓜縱切成對半，斜切成 1 公分厚的片狀。香腸斜切成 3 等分。

2 將 A 倒入耐熱容器中攪拌均勻，放入做法 1 混拌，蓋上保鮮膜，以微波爐加熱 2 分鐘即可享用。

—— points ——▶
香腸與昆布茶風味濃厚。昆布茶也可以用雞高湯粉代替。

兒童口味　耐放

使用微波爐烹調，快速又爽口

檸檬優格拌地瓜

材料 方便烹調的量

小的地瓜 1 條（200 克）
鹽 1 小撮
胡椒少許
檸檬（切成半圓形）4 片

A ⌶ 優格、日式美乃滋各 2 大匙

做法

1 地瓜切成 0.8 公分厚的半圓形，放在耐熱盤子上，蓋上弄濕擰乾的廚房紙巾，再用保鮮膜包起。

2 將做法 1 以微波爐加熱 5 分鐘，加入鹽和胡椒混拌，大致放涼。

3 將做法 2 加入 A 和檸檬，混拌均勻即可享用。

— points ——▶

也可以當點心，爽口又甘甜。

兒童口味　耐放

享受豆苗的樸實風味與口感

美乃滋柚子醋豆苗

材料 方便烹調的量

豆苗 1 包
蟹味棒 3 條

A 日式美乃滋 1 大匙
柚子醋 1 小匙

做法

1 豆苗切除根部。蟹味棒剝散開來。

2 將做法 **1** 放入耐熱容器中，蓋上保鮮膜，以微波爐加熱 30 秒。

3 將做法 **2** 加入 **A** 混拌均勻即可享用。

—— **points** ——▶
想要餐桌上有綠色蔬菜時，這是
很方便的一道菜，推薦給你。

簡單　兒童口味

榨菜的口感與風味，添加了料理的層次

薑味涼拌彩椒

材料 | 方便烹調的量

紅、黃色彩椒各 1/2 顆
調味好的榨菜 15 克
鹽 1 小撮

A | 薑泥 1 小匙
　 | 柚子醋、橄欖油 各 1 大匙

做法

1 紅、黃色彩椒和榨菜都切成細條。榨菜和 A 混拌均勻備用。

2 彩椒放入耐熱容器中，撒上鹽，蓋上保鮮膜，以微波爐加熱 2 分鐘。

3 將做法 2 加入榨菜和 A 中，混拌均勻即可享用。

── points ──▶
延長加熱的時間，彩椒會更軟嫩好吃。

簡單　耐放

還有哪道小菜比這更開胃？

醃漬乾蘿蔔絲

材料 方便烹調的量

乾蘿蔔絲40克（1包）
紫蘇 4 片

A
- 醬油、砂糖、醋各 2 小匙
- 高湯 4 大匙
- 鹽少許

做法

1 乾蘿蔔絲以清水浸泡揉洗 2 次，稍微瀝乾，放入耐熱容器中，加入 A 混拌均勻，蓋上保鮮膜，以微波爐加熱 1 分鐘。

2 大致放涼後，撒上撕碎的紫蘇混拌均勻即可享用。

—— points ——►
加入紅辣椒，更加展現成熟的麻辣風味。

耐放

味道強烈，好吃得停不了口

PART 6
重口味的上癮系配菜

小孩不懂的香味。
不知道什麼時候居然喜歡上了，
難道是真的邁入熟年的階段了嗎？
香菜也可以是豪華的下酒菜。
使用味道強烈的食材，
更能做出容易上癮的配菜。

蜂蜜調味，更容易入口

蜂蜜肉醬香菜

材料 | 方便烹調的量

香菜 1 把
豬絞肉 100 克

A ┤ 豆瓣醬少許
魚露 2 小匙
蜂蜜、檸檬汁各 1 小匙

沙拉油 1 小匙

—— points ——▶
絞肉中若摻有較大肉塊，比較
有嚼勁，更好吃。

簡單

做法

1 香菜切大片。

2 平底鍋中倒入沙拉油加熱，放入豬絞肉翻炒至呈焦色。

3 將做法 2 加入 A，繼續翻炒，然後淋到香菜上即可享用。

芝麻油的香味是一大關鍵

甜醋醃漬白菜

材料 方便烹調的量

白菜 1/4 株（250 克）
薑（切絲）少許
鹽 1 小匙

A
| 醋 4 大匙
| 鹽 1/2 小匙
| 砂糖 2 大匙
| 小紅辣椒（切圓片）適量
| 芝麻油 1 大匙

—— points ——▶
取 1 大匙芝麻油（不含在材料內）加熱至
冒一點煙，最後淋上，更能引出香味。

做法

1 白菜芯和葉分開，芯切成 5 公分的長段，再沿著纖維
   切成 1 公分寬的條狀。葉子任意切碎。

2 將做法 1 放入密封袋中，加入薑絲和鹽搓揉至吸收湯
   汁、入味。

3 將做法 2 從密封袋倒來出，擠乾水分，加入 A 混拌均
   勻即可享用。

耐放

105

加入檸檬，感覺時尚

檸檬鮮奶油南瓜

材料 方便烹調的量

南瓜 1/4 顆（200 克）

A
┃ 鮮奶油 50 毫升（1/4 杯）
┃ 檸檬汁 1 小匙
┃ 鹽 2 小撮

做法

1 南瓜切成一口大小，放入耐熱容器中，蓋上保鮮膜，不要包太緊，以微波爐加熱 5 分鐘。

2 將做法 1 加入 A 混拌均勻即可享用。

—— points ——▶
清爽的檸檬鮮奶油與南瓜的甜味十分調和。

兒童口味　耐放

加入豆瓣醬的辛辣醬汁，呈現出創新的美味

香辣水芹沙拉

材料 | 方便烹調的量

水芹菜 2 把（100 克）
竹輪 2 條

A |
醬油 2 小匙
醋、研磨芝麻各 1 小匙
豆瓣醬少許
蒜泥 1/4 小匙
芝麻油 2 小匙

做法

1 水芹菜摘下葉子，莖切成 5 公分的長段。竹輪斜切成薄片。

2 將 A 倒入攪拌盆中攪拌均勻，放入做法 1 混拌均勻即可享用。

—— points ——▶
帶著苦味的水芹菜，搭配蒜與芝麻的濃郁
口感，讓你吃到欲罷不能。

簡單

有效活用沉睡在冰箱中的辣韭

酸甜炒苦瓜

材料 | 方便烹調的量

苦瓜 1 條（250 克）
小顆甜醋醃漬辣韭 10 顆

A ┃ 味噌、味醂 2 大匙
┃ 甜醋醃漬的汁 2 大匙
┃ 醬油 1 小匙

沙拉油 2 小匙

──points──▶

不喜歡苦瓜的味道，可以切成薄片，
撒上 2 小撮砂糖和 1 小撮鹽。

做法

1 苦瓜縱切成對半，去除籽和纖維，斜切成 0.7 公分寬的
薄片。A 混合均勻備用。

2 平底鍋中倒入沙拉油加熱，放入苦瓜翻炒 1 分鐘，再加
入 A 和辣韭翻炒，混拌均勻即可享用。

耐放

紅色的辣油引發食慾

麻辣豆芽菜

材料 方便烹調的量

豆芽菜 1 包
蟹味棒 4 條
壽司醋 1 大匙
帶辣椒渣的辣油 1 大匙

做法

1 豆芽菜去除明顯的鬚根，放入耐熱容器中，蓋上保鮮膜，以微波爐加熱 2 分 30 秒。

2 取出做法 1，加入剝散的蟹味棒、壽司醋和辣油，混拌均勻即可享用。

—— points ——▶

加熱後豆芽菜滲出的水要倒掉。此外，
辣油可以依照辣度調整分量。

簡單　耐放

 酸味與堅果的口感，不禁一口接一口
堅果美乃滋醬高麗菜

材料 方便烹調的量

高麗菜 1/4 顆（250 克）
小顆甜醋醃漬辣韭 5 顆
綜合堅果 40 克

A 日式美乃滋 3 大匙
  牛奶 1 大匙

做法

1 高麗菜葉和芯切開，葉子切成一口大小，芯切成薄片，放入耐熱容器中，蓋上保鮮膜，以微波爐加熱 3 分鐘。

2 辣韭切小塊，綜合堅果稍微壓碎，放入攪拌盆中，加入 A 混拌均勻。最後加入做法 1 混拌均勻即可享用。

—points—▶
用辣韭的汁取代牛奶也很好吃。

耐放

芝麻油讓芹菜的風味更加豐富

中華風西洋芹

材料 方便烹調的量

西洋芹 2 支（180 克）
調味花生 30 克

A
| 鹽、醋各 1 小匙
| 芝麻油 2 小匙
| 豆瓣醬 1/2 小匙

做法

1 西洋芹的莖去除筋的部分，斜切成片，葉子切大片，放入密封袋中，加入 **A** 搓揉混合。

2 花生輕輕拍碎，加入做法 **1** 即可享用。

── points ──▶

西洋芹與花生是口感極佳的優秀搭檔，
嚼勁更能增加飽足感。

簡單 耐放

 味道強烈的醬汁散發出香氣

亞洲風油燜茄子

材料 | 方便烹調的量

茄子 3 條（300 克）

A
┃ 魚露、檸檬汁各 1 大匙
┃ 砂糖 2 小匙
┃ 沙拉油 1 小匙
┃ 小紅辣椒（切圓片）少許

做法

1 茄子削除外皮後用水漂過，每一條都用保鮮膜稍微包住，以微波爐加熱 3 分鐘。

2 將 A 倒入攪拌盆中攪拌均勻，放入做法 1 充分混拌即可享用。

—— points ——▶
用筷子夾茄子最厚的部分看看，如果變軟了就是煮好了。

簡單　耐放

加入絞肉更添口感

異國風乾蘿蔔絲

材料 | 方便烹調的量

乾蘿蔔絲 40 克（1 包）
豬絞肉 100 克
蒜泥或生蒜泥醬少許

A
檸檬汁、魚露各 2 小匙
砂糖 1 小匙
小紅辣椒（切圓片）適量

沙拉油 1 小匙

—— points ——▶

蘿蔔乾用大量的水搓揉沖洗，味道會更好。放上香菜也很美味。

做法

1 乾蘿蔔絲以清水浸泡揉洗 2 次，稍微瀝乾，放入耐熱
容器中，蓋上保鮮膜，以微波爐加熱 1 分鐘。

2 平底鍋中倒入沙拉油加熱，放入豬絞肉和蒜泥，翻炒
至豬肉完全散開，加入 A 混拌均勻。

3 熄火，放入做法 1 混拌均勻即可享用。

耐放

香菇料理的新吃法誕生！
香酥油炸薄片香菇

材料 方便烹調的量

香菇 6 朵
蒜碎 1 小匙（1/2 片）
乾燥洋香菜（巴西里）適量
麵包粉 1/2 杯
鹽 1/2 小匙
胡椒少許
橄欖油 2 大匙

做法

1　香菇的菇傘和菇柄分開，菇傘切成 4 等分，
　　菇柄除去蒂頭，切成薄片。

2　平底鍋中倒入橄欖油，先加入蒜碎爆香，續
　　入乾燥洋香菜和麵包粉，將麵包粉翻炒至稍
　　微上色。

3　放入做法 1，翻炒至與麵包粉混拌均勻，撒
　　上鹽和胡椒翻炒均勻即可享用。

—— points ——▶
洋香菜也可用羅勒或百里香代替。

兒童口味　耐放

花生醬的濃郁與堅果的口感

印尼風味沙拉醬青江菜

材料 方便烹調的量

青江菜 2 棵

A
- 含顆粒花生醬 2 大匙
- 醬油、水各 1 大匙
- 雞高湯粉 1 小匙
- 醋、砂糖各 1 小匙
- 蒜泥少許

做法

1 青江菜一葉葉分開,切成 3 公分的長段,放在耐熱盤子上,蓋上保鮮膜,以微波爐加熱 3 分鐘。

2 將 A 混合均勻,淋在做法 1 上即可享用。

── points ──▶

如果直接把水加入花生醬,會變得油水分離,所以建議分次少量加入調和為佳。

兒童口味 耐放

散發魚露香味的異國風小菜

泰式玉米

材料 方便烹調的量

玉米罐頭 2 罐

A
- 魚露 2 小匙
- 砂糖、豆瓣醬各 1/2 小匙
- 蒜泥少許
- 檸檬汁 1 小匙

做法

1 玉米瀝乾後放入耐熱容器中，加入 **A** 混拌均勻，以微波爐加熱 1 分鐘。

2 如果有香菜的話，可以直接撒在上面。

—— points ——▶

因為加入了檸檬汁，即使不喜歡魚露味道的人也可以接受。

簡單　耐放

 好吃的關鍵是紫蘇與優格的酸味醬汁

優格醬白花椰

材料 方便烹調的量

小的白花椰 1 顆（400 克）

A | 原味優格 100 克
　| 日式美乃滋 2 小匙
　| 紫蘇香鬆 1 小匙

做法

1　白花椰分成小朵，用保鮮膜包起，以微波爐加熱 4 分鐘。

2　將 A 倒入攪拌盆中攪拌均勻，放入做法 1 混拌均勻即可享用。

—— **points** ——▶

優格脫水 1～2 小時後最好吃。與 A 混合之後放置一會兒，會呈現粉紅色。

耐放

突顯春菊香氣的一道菜

海苔鹽春菊

材料 方便烹調的量

春菊 1 把（200 克）
飯糰用的烤海苔 2 張
（每張長 21 公分 × 寬 19 公分的海苔 2/3 片）

A ┃ 鹽、醋、蒜泥各 1/2 小匙
   ┃ 芝麻油 2 大匙

做法

1 春菊摘下葉子，莖斜切成薄片。

2 將 A 倒入攪拌盆中攪拌均勻，放入做法 1 和撕碎的海苔混拌均勻即可享用。

—— points ——▶
春菊是對於肌膚問題（黑斑、雀斑）、
貧血、便祕等具有效果的優秀食材。

簡單

咖哩風味的清脆口感讓人沉醉

香料烘烤水煮黃豆

材料 | 方便烹調的量

水煮黃豆 1 包（155 克）

A
| 咖哩粉、醬油各 1/2 小匙
| 鹽 2 小撮
| 砂糖 1 小撮

橄欖油 2 小匙

做法

1 黃豆瀝乾後放入密封袋中，加入 A 混拌均勻。

2 小烤箱預熱 2 分鐘，烤盤鋪上錫箔紙，放上做法 1，淋上橄欖油，烘烤 5 分鐘。大致放涼後，再從烤箱取出即可享用。

—— points ——▶
用餘熱烘烤出香脆口感。

耐放

開心享用水潤辛辣的口感

泡菜風櫛瓜

材料 | 方便烹調的量

櫛瓜 1 條（180 克）
鹽 1 小撮
辣味明太子 2 條（50 克）

A
醬油 1/2 小匙
芝麻油 2 小匙
蒜泥 1/2 小匙
蔥（切成蔥花）3 公分

做法

1 櫛瓜切成圓薄片，放入密封袋中，加入鹽，稍微搓揉。

2 辣味明太子用湯匙挖出內餡，加入擠乾水分的做法 1，最後加入 A 稍微搓揉混合即可享用。

— points ▶

清脆的口感，當成下酒菜或是配飯都很適合。

耐放

121

尾聲

這本書提供了許多只用一個調理容器，
搭配微波爐便可簡單烹調的好菜。

也提供了讓孩子們看家的時候，
只要盛盤，即使冷了也好吃的小菜。

只要使用微波爐就可以馬上做好，
即便家人晚歸，也能立刻端出熱騰騰的飯菜。

當然，如果吃的人自己烹調，
因為做法超級簡單，5 分鐘內也能做好！

所以從今天起，
讓我們為重要的家人做出含有豐富蔬菜，
「無限好吃」又「安心」的料理吧！

索引

看看冰箱裡的食材，思考著今天要做什麼菜。以下將書中的料理，以主要食材為分類，按注音符號順序製作索引，方便讀者們快速查找。